One Puzzle Per Page
SUDOKU
(Super Easy)

101 Super Easy Large Print Puzzles
For Absolute Beginners

by Freebird Press

Copyright © 2020 Freebird Press

All rights reserved.

ISBN: 9798656087810

CONTENTS

Welcome & Tips   Pg. 1

Puzzles For Absolute Beginners   Pg. 5

Answers   Pg. 107

DEDICATION

For all those who are brand new to the wonderful world of Sudoku!
Special thanks to Kjell Ericson from https://kjell.haxx.se/
for the top notch sudoku puzzles.

> ### Would You Be So Kind ...
>
> If you are enjoying this book, would you leave us a review on Amazon? It would make our day!

WELCOME & TIPS

If you're brand new to the world of Sudoku and you're looking for a good place to get started, this book is perfect for you! We have prepared some fun and easy puzzles that are tailored especially for the absolute beginner, and are guaranteed to bring you many hours of entertainment.

You will find 101 large print puzzles—just one puzzle per page. This means that there's no need to squint at tiny numbers, and you get plenty of space on every puzzle to make notes. The puzzles start off dead easy, and are designed to become *slightly* more challenging the closer you get to the end of the book. This has been done deliberately to prevent you from becoming bored.

Before we get started, we will give you a brief introduction to Sudoku to get you on your way, and at the back of the book you will find all of the answers, just in case you would like to refer to them.

The Sudoku Grid

We start with a the large **grid** made up of 9 horizontal **rows**, and 9 vertical **columns**. The grid is further divided into 9 smaller **blocks** (also sometimes referred to as boxes, or regions). Each small square in the grid is called a **cell**, of which there are 81 in an entire Sudoku grid. Every row, column, and block is made up of 9 cells. Take a look at the Sudoku grid below for clarification.

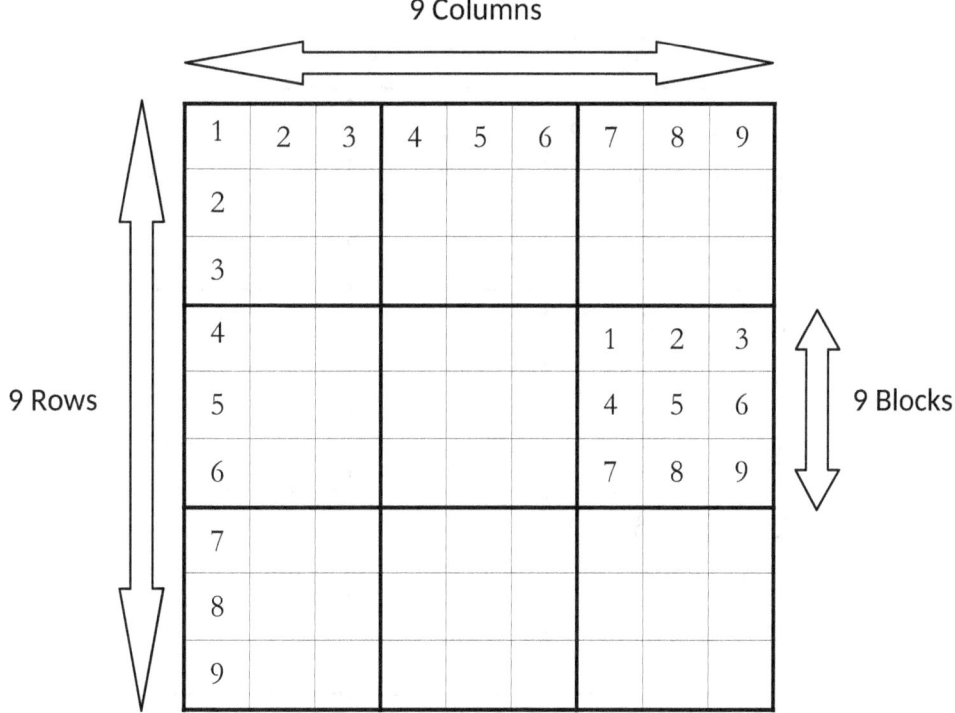

The Object Of The Game

To solve a Sudoku puzzle correctly, you need to find the numbers 1 – 9 in every row, column, and block, without ever repeating or omitting any of the numbers. Each grid comes with some of the cells already filled in—these are your clues. Your mission is simply to find the missing numbers in the empty cells of a given Sudoku grid. Of course, it stands to reason that the more cells that are pre-filled, the easier the puzzle is to solve.

Let's look at how to do that with the example below. You can follow along by writing in the missing numbers as we look at each individual clue together, until the puzzle is complete.

How To Solve A Sudoku Puzzle

CLUE 1: Looking at the grid below, the first steps would be to fill in all the rows, columns, or blocks that have **only one number missing**. Block ABC123 (the top left block) already has the numbers 1, 2, 4, 5, 6, 7, 8, and 9. The number 3 is missing, so we can put that into cell C3.

CLUE 2: Block DEF789 (the middle block on the far right) also has only one number missing. On closer inspection we can see that the missing number is 3, so we insert that into cell F8.

CLUE 3: Block GHI789 (bottom far right) also has only one number missing—the number 4—so we put that into cell H8.

	1	2	3	4	5	6	7	8	9
A	6	7	5	3	2	1			4
B	8	4	2	6	5	9	7		3
C	9	1				4	6	2	5
D	3	6	7		9	2	1	5	8
E	2		1	5		3	4	7	6
F			4	1	6	7	2		9
G	1	3	9	2	4	5	8	6	7
H	7	5	6	9	1	8	3		2
I		2		7	3	6	5	9	1

CLUE 4: Now, are there any rows that have only one number missing? Yes, Row B has the number 1 missing in cell B8, so we write that in.

CLUE 5: Next, Row D has the number 4 missing in cell D4. We write that in. See how we're moving very logically and systematically through the easiest places in the puzzle first?

CLUE 6: Having completed all the blocks and rows with only one number missing, we now do the same for the columns. Which columns have only one number missing? Column 3 has the number 8 missing in cell I3, so we fill that in.

CLUE 7: Column 4, also has the number 8 missing, and we fill that into cell C4.

CLUE 8: Column 7 has the number 9 missing in cell A7, so we write that in.

CLUE 9: Column 8 has the number 8 missing in cell A8, so we fill that in. Notice that at first, Column 8 had four blank cells; however, after filling in the easiest and most logical places in the puzzle first, we now come back to Column 8 and we're able to complete it easily.

CLUES 10 & 11: We've now tackled blocks, rows and columns successfully, so let's go back to looking at the blocks. Are there any blocks that now have only one number missing? Yes, Block ABC456 has the number 7 missing in cell C5, and Block DEF456 has the number 8 missing in cell E5. We fill those in.

Now, we could carry on in a similar manner, completing first Row I, then Column 1, then Row F and finally Column 2 to complete the grid; however let's rather look at things from a different perspective—it'll come in handy later on in the book when the puzzles become slightly more challenging.

CLUES 12 & 13: Notice that Column 1 has two cells blank. How can we solve this Column? Simple—we use the process of elimination. On closer inspection, the missing numbers are 4 and 5—let's start with the 4. Could we put the 4 into cell F1? No, because Row F already has a 4 in it (cell F3) and we can't repeat any numbers; therefore, it must go into cell I1. Now we know to put the 5 into cell F1.

CLUES 14 & 15: We can look at Block DEF123 in a similar way. It is missing the numbers 8 and 9. Could the 8 go into cell E2? No, because Row E already has an 8 in it; therefore, 8 must go into cell F2 and 9 must go into cell E2.

And voila! The puzzle is complete. If you inspect each row, column, and block you will find that they all contain the numbers 1 – 9, without any omissions or repetitions. This is the way to tackle any Sudoku puzzle—always fill in the most obvious clues first. If you do it this way, you will find that the areas in the puzzle that at first glance look a little tricky will become obvious as you progress.

Now you're ready to get cracking on Puzzle #1. We sincerely hope that you'll get lots of enjoyment out of this book, and remember that you can find the answers starting from page 106 should you need to refer to them.

1

8	5	9	6		4	3	1	2
	2	4	3	5	9	8	7	6
3	6	7	2	8	1	4	5	9
			4		7	5	9	1
7	3		1	9		2	6	4
9		1	5	2	6	7	3	8
5	1	6	8	4	3	9	2	7
		8		6		1	4	3
4	9	3		1	2	6	8	

2

1	8	3	4	6	5	2		7
6	4		7		2	1	8	
	5		1	8		3	4	6
5	1	4	6	9	7	8	2	3
	2	8	3	1	4	6	5	9
3		6		5	8	4	7	1
9	3	5	8		1			4
8	7	1	9	4	6	5	3	2
	6	2	5	7	3	9		8

3

8	3	7	6	9	4	2	5	1
2	9	1	7			8	6	4
6	5	4	1	2	8	9	7	3
7	6	5	3	8	9	4		2
4	8	9	2			5		6
1	2		4	6	5	7	8	
5	1	6	8			3	9	7
9		2	5	3		1		8
	4	8	9	1	7	6		5

4

4	5	1	6		3	8		7
		9	8	5	1	6		2
2	8	6	4	7	9			3
5	2	7	1		4	3	6	9
9			2	6	7		8	4
6	4	8	9	3	5	2		1
1	9	2	5	4	6	7	3	8
3	6	4	7	1	8	9		5
	7	5	3	9	2		1	6

5

	2	7	3	8			6	9
	6	3			7	2	1	8
4	8	9	1	2	6	5	7	
3			2	6	1	8		7
	7	8	5		9	6	4	1
6	5	1	8	7	4		3	2
7		5	6	9	8		2	4
9	1	2	4	5	3	7	8	6
8	4	6	7	1	2	3	9	5

6

2	5	1	4	9	6	8	3	7
4	9	6		7		5	2	1
8	7		1	2	5		6	4
5		2	9	8	1		7	3
9	1	4	3	6	7	2	5	8
7				5	4	6	1	9
	4		5	1	2	7	8	6
1	2	7				3	9	5
6	8	5	7	3	9	1		2

7

	7	6	4	5		1	8	3
9		3	1	7	8	6		5
5		8	2			4	7	9
8	2	9	6	4		3	1	7
		1	7	9	2		4	
7		4	3	8	1	9	6	2
4	3	2	9	6	7	8	5	1
1	9	5			4	7	3	6
6	8	7	5	1	3	2	9	4

8

3	9	8	2	6	4	7	1	5
1		7			8	2	4	
2	4		7	1	5	3		8
7	6	9	4	2	1	8	5	3
		1	3	5		4	6	9
4	3	5	8	9		1	2	7
9	7	2	6	4	3	5		1
5	8	4			9	6		
6	1	3	5	8	2	9	7	4

9

	6	5	3	9	2	1	8	
8	7	3		5	1	6	9	2
9	2	1	7	6		5	3	4
1	9		2	3	4	7	5	8
3	8	2		7	5	4	6	9
5	4	7	9	8	6	2	1	
7	1	9	6	4	3	8	2	5
2	5	4	8					
6	3	8	5	2	7			

10

9	7	8	4	3	6	5	1	
5	1		9	2	7		6	4
6	2	4	5				3	9
	6		2	7	5	9	8	3
		7		8	9	2	4	6
8	9	2	3		4	1	7	5
2	4	6	7	9	1	3	5	8
7	3	5	8	4		6	9	
1	8	9		5	3	4	2	7

11

3	5	1		6		4	9	2
9		6	3			7	8	1
4		8	2	9			5	3
6	1	4	9	7		8		5
		5	6	8	4	3	1	7
7		3		1	2	9	4	6
5	4	7	1	3	9	2	6	8
	3	2		5	6	1	7	9
1	6	9	7	2	8	5	3	4

12

	7	8	6	9	2	1	4	3
1	4	2		3		6	9	
9		6	4	1		7		8
8	2	9	3	6	1	4	5	7
3	5	4		8	9		6	1
7	6	1	2		4		3	9
	9	5		4	8	3	7	2
2	8	3	9	7	6	5	1	4
	1		5	2	3	9		6

13

7	5	6	1	3	9	4	2	8
9		4	2	6		7		1
2		3	4	8		5		
3	7	5	8		4	2	6	9
8	4	1	6	9	2	3	7	
6	9	2	5	7	3		8	4
1	3	7	9		6	8	5	2
	2	9	3	5	8	6	1	7
5	6	8		2			4	

14

5		9	6	4	8	1	3	7
1		7	3		5	8	9	4
8	4	3	1		7	2		6
3	9	1	2	6	4	5	7	8
4	7	6	8	5	1	9	2	3
2	8			3	9	6	4	1
7		2	5	8		4		9
	5	8					6	2
	1	4	9	7	2	3	8	5

15

3	4	7	8		2		9	
8		6	4		9	7		2
9	5		7	1	6	4	8	3
2		4	5	8	3	9	1	7
1	8	3			7		6	5
	7	9		2		8	3	4
7	9	8	3	6	4	5	2	1
6	2	5	1	7	8	3	4	9
4		1		9	5	6	7	8

16

4	6	5	7	9	2			
3	7	1			8	4		9
2	9		4	3	1	7	5	6
1	2	4	8	5	9	6	7	3
5	3	9		7			8	4
6		7	2	4		5	9	1
9	4	2	3	8	5			7
8		3		1	7	9	4	2
7	1	6	9	2	4	8	3	5

17

3		5	4	9	7	8		
2	4		3	1	6	9	5	
6		7		2	5	1	4	3
9		4	2	7	8	6	3	1
1			9			4	7	8
7	8	3	1	6	4	2	9	
8	6		5	3	1	7	2	4
5	7	1	6	4	2			9
4	3	2	7	8	9	5	1	6

18

7	2	3	6	1	8	5	9	
6	1	4	5	2		8	3	
5	9	8	4	3			6	2
8		2	3	5	6		1	9
		5	1	7	4	2	8	
1	4	6	9	8	2	7	5	3
2		9	7	6	1		4	8
4		1	2	9	3		7	5
3	6	7	8			9	2	1

19

2	6	9	8		4	1		7
7	4		3	1	9	6	2	8
	8	3	2	6	7	9	5	4
		1	4	2	5			
9	5	8	7	3	6	2	4	1
3	2	4	9	8	1			
8	1	6	5	4	3			2
4	3		1	9	2	8	6	5
5	9	2	6	7		4	1	3

20

9	1	6		3	5	4	7	
4	7	8	1	6	9	3		
5	2	3		7	4	6		9
1	6	4	9	8	2	7	5	3
3		7	5		6	1	9	2
2	9	5		1		8	4	6
6	5	1	4	2			3	7
8		2	7	9		5	6	1
7	3		6	5	1	2		4

21

7	2	8	3	9	4	1		6
1	4		2	5	6	7	3	8
5	6	3	1	8	7	9	2	4
6		5	4	3		2	1	7
2	3	1	7	6	9	4	8	5
		4		1	2	3		
	5	7	6	4			9	2
9	1		8	7	5			
4	8	6	9	2	3	5	7	

22

	9			4	1	7	2	5
8	5		2	3	9	1	4	6
4	2	1	7		6	3	9	8
2	3	5	9			6	1	4
6	7	9	4	1	5		3	2
	4	8	3	6			5	
9	6	3	5	2		4	7	1
5	8	4	1	7	3		6	
7	1		6		4	5	8	3

23

8	9	7	2	3		1	5	
		2	1	7	6		8	9
6	1	4		5	8		7	2
	4	8		6	2		3	1
		1	3	8	9	6	4	5
5	3	6	7		1		9	8
		5	6	2	3	9	1	7
7	6	9	4	1	5	8	2	3
1	2	3	8	9	7	5		4

24

8	5	9		7	1	4	3	
2	3	1	9	4		6	7	5
7	4	6	3	2	5	8	9	1
9	6	3		5		7	2	8
1	2	4	7	8		9		
5	7		2	3		1	4	6
3		7		6	2			9
6	1		5	9	7	3	8	4
4	9	5	8			2	6	7

25

7	1	9	8	4	2	6		5
	5	6	3	7	9	2	4	
3	4	2	1	6	5	9	8	
	3		9		1	4	2	6
4	9		2	3	6	7	5	8
	6	8	7	5	4	1		
9	2	5	6	1	3		7	4
6		4	5		8	3		2
1	8		4	2		5	6	9

26

8	5		2			1	7	3
	9	3	4	1		6	5	8
7	1		3	5		2		4
5	3	2	6	7	9			1
1		8	5		3	9		7
9	6	7	8		1	5	3	2
3	7	1	9	8	5	4	2	6
6		5	1	3	4		8	9
4	8	9		6	2	3	1	5

27

3		7	2	4	6	1	8	5
5	2	6	3	1	8		4	7
		1		7		2	3	6
4	5	3	7	6	2	8	9	1
1	6	9	4	8	3	7		
	8	2	1	9	5	3	6	4
9		5	6	3			2	
6		8	9		4	5	1	3
	3	4	8	5	1		7	9

28

8	4	2	6	3	9	7	1	5
	7			4	8	9		3
9	6	3	7		5		4	
2	5	4	3		6	8	9	1
6	8	7	4	9	1	5	3	
	1				2	4	7	6
5		6	1	2	4	3		
4	3	8	5	6	7	1	2	9
7		1	9	8	3	6	5	4

29

	9	4	1	7		8		2
1	2	6	8		5	9	4	7
3	8		4		9	5	1	6
2	7	9			8	1	6	
6	3	1			7	4	5	8
8		5			1	7	2	
9	1	3	7	5	2		8	4
7		2	6	8	4	3	9	1
4	6	8	9	1	3	2	7	5

30

	3			7	4	2	8	9
		9	2	1	3	7	4	6
4	2	7	6	8		5	3	1
1			7	3	2		9	8
7	4	3	8	9	6	1	5	
9	8	2	1				6	7
	9	8	3	5	7	6	1	4
5	7	4		6	1	8	2	3
3	1	6	4		8	9	7	

31

	8	2	3		9	6	5	1
1	4	3	5	6		2	7	9
6	5	9	1	2	7	3	4	8
3		5	4	7			9	2
9				5		1	6	4
		8	6	9	2	7	3	5
	3	6	9	1		5	8	7
5		1	7	8	6	4	2	
8	7	4	2			9	1	6

32

4	7	6			3	9		1
9	2	1	7	4	8	5	3	6
8	5			6	1	7	2	4
1	8		4	5	6	3	9	
3	9	4	8	1	7	2	6	5
5			2	3	9	1	4	
	3	5	1	9				2
	4		3	7	5		1	9
7	1	9		8	2	4	5	3

33

7	4	1	2	8		9	3	6
9	3	6	1	4	7	2		8
5	8	2	3		6		4	7
2	1	9	8				7	
4	7		5	3	1	6	9	2
3	6	5	9	7	2	4		1
1	9	3	7	2	8	5		4
	6		7			9	8	2
8		4		5	3	7	1	

34

7	4	5		2	1	8		3
8	3	1	4		5	6	2	7
2	6	9		3	8	4	1	5
1		4	2	6				
6	8	2	5	7		9	3	1
3	5		1		9	2	6	
9	7	8	3		6	5	4	2
5	2	3	9		7		8	6
4	1		8	5	2		7	9

35

4	8		6	2		7	1	
9		6		8	1	2	3	4
3	2	1	7	4	9		8	5
	4	2	3	7	5	1		8
7	1	8	2	9		3		6
5	3	9	1	6	8	4	2	
	6	4	8	5	2	9		
		7	9	3		8	4	1
8		3	4	1	7	5	6	2

36

6	8	3		5	1	7	4	
5	7	4	9	3	8	2	1	6
2	1		7	4	6	3	5	8
	5	8	3		9		6	2
	3	6	4	8		5		1
		2	5		7	9	8	3
8		5		7	3		9	4
3		7	1	9	4	8	2	5
4	9	1	8	2	5		3	

37

1	8			6	2	7	9	4
7	2	9	5	4		6		8
3			8	9			2	5
		1	7	8	5	2	4	6
5	6	2		3	4	9	8	7
8	7	4	6		9	3	5	1
6	1		9	5	3	4	7	2
4	9	7	2	1		5	6	3
2	5	3		7			1	

38

		9	8	2	5			4
8	5	6		1	3	7	2	9
4	2	1	9	6	7		3	8
1	8			3		4	9	2
2	6	3	7	9	4	8	1	5
5	9		2	8	1	6	7	3
		5	3	7		2		6
	4	2	1	5	9	3	8	7
7	3	8			2		5	1

39

7	4	9		3	2	8		1
	1	5	6	7			3	2
3		6		1	4	7	9	5
4	3	1			6	9	7	8
5	6				7	1	4	
9	7				1	5	2	6
1		3	4	6	5	2	8	7
2	8	7	1	9	3	6	5	
6	5	4	7	2	8	3	1	9

40

	4	9		1	7	3	6	5
7	1		5	6	3	9	4	
3	5	6		4	2		8	7
1		4	3		9	5	2	6
6	2		1		4	7	3	9
9			2	5	6	4		8
8	6	1			5	2	7	3
5	7	2	6	3			9	4
4	9	3	7	2	8	6		1

41

8	6	9	1	7	3	4		
7	5	3	9		2	6		8
4	1		8	5		3	9	7
6		4	5	2		1		
9	8	1		6				5
2	3	5	7			9	4	6
3	4	6	2	8	1	5		9
5	9	8	4		7	2	6	
1	2	7	6	9	5	8	3	4

42

1	6		3	4	5	7	2	9
4			9		1	5	8	
3	5	9			2	1	4	6
8	1	4		5	9	3		7
9			7	1	3	8	5	4
7	3	5			4	9	1	2
2	8	1		9	7	6	3	5
5	9	3	1	2	6	4		
6	4	7	5	3		2		

43

2	7	1	4	9			5	8
4	9	3	8	6	5	2		7
6	5			2	7	3	9	4
1	4	9	2	3	8	5		6
3	6	2		7			8	
	8	5	6	1	9	4	3	2
5		7	9		1	8	6	
9	3	6	7	8	2	1		5
8		4	3			7	2	

44

7	9	4	5	8	6		3	1
	2	6					4	9
1		5	4	9		8		6
2	1	3		7	5	6	9	
5	6	7	9	4	3	1		2
4	8	9	6	2	1	7	5	
	7	8	2	1	9	4		5
6		2	3		8	9	1	7
9	5	1	7		4	3		8

45

4	2				7	3	8	5
8	9	3	6			7	1	
5	7	1	3	2	8			6
9	1	8	7	5	3	6	2	
6	5	2	4	8	9	1	3	7
7		4	1		2		5	9
1				3	6	9	7	8
3	8	9	5	7	4	2		1
	6	7		9	1		4	3

46

6	1		7		2		5	4
9	5	7		8	6			3
	3	4		9	5		6	7
		5	3	6	7	2	9	1
7		3	9	2	1	5		8
	2	9	8	5		7		6
8		2	6	1		4	7	5
5	7	6	2	4	8	3	1	
3	4	1	5	7	9	6	8	2

47

	6	1	2	5	8	4	7	9
	9		6			5	1	8
8	5	4	9	7	1	6	2	
7	8		3	4	9	2	5	1
4		2	5	8	6	9	3	7
5	3	9	7	1	2			6
1	2		4		7	3	6	
	4	3	1		5		8	
	7	5		2	3	1	9	4

48

4		6	5	1				9
9	2	3	4	6	8	7		1
	1		3		9	6	4	
3	6		2	4	1	9	8	5
5	4	2	8		6	1	7	3
1	9	8	7					2
2	7	4	9	8	3	5	1	6
6			1	7	2	8	3	
8	3	1	6	5	4	2	9	

49

2		7	5	6	9	8	1	
4	6	8	7			2	9	5
9	5		2	8	4	6	3	7
3	2		6	9	7	1		8
		6				9	7	2
5	7	9				3	4	6
7	8	3	1		6	4		9
1	9		4	7	8	5	6	3
	4	5	9	2	3	7	8	1

50

9		2	6	3	7		5	
4	5		2	1	9	8	6	7
1		6	5			2	9	3
7	4	5	1		2	3	8	6
2	3	9		8	6	7		
8	6	1	3	7	5			9
	1	8	7	6	4	9		
3	2	7		5	1	6	4	8
6	9		8	2		5	7	1

51

3		2	8	4	6	7	5	9
4	5		1	9		3	6	2
6	7	9	3	5	2	8	1	4
7	2	1		6	3	9		8
5		6	4	2		1	7	3
9			7		1	6	2	5
		3			5	2	8	6
2	9	5		1		4	3	7
8				3	4	5	9	

52

2			5	3		9	1	
1	9			4		3	8	5
3	5		1	9	8		6	2
5	7	2	4	1	3	6	9	8
	4	9			5	2	3	1
	1	3		6	9	4	5	7
7	3	5	9	2	1	8	4	6
4	2	8		5	6			9
9		1	7	8	4			3

53

4	6	2	3	5	9	8		1
3				2	7	4	6	
5	8			1	4	2	9	
9	5	8	2		1	7	3	6
		4	9	3	6		2	
6	2	3	7	8	5	1		9
	4	6	1	9		3	5	7
2	1	9	5		3	6		4
7		5	4	6	8		1	2

54

4		3	6	7	8	2		5
9	2	7	5	4	3		8	6
8	5	6	1	2	9	3		4
2	9			3			5	1
1	3	5	2	9	4	7	6	
			8	5		9	2	
	4	9	3	6	2		1	7
	7	1		8	5	6	4	2
6	8	2	4	1			3	9

55

	9	5	3		1		8	
		6	5	4	8	9	2	1
4	8		2	9	7	6		
8	7	2	4				6	9
	1	4	9	7	2	5	3	8
3		9		8	6		4	7
5		7	8	3		4	1	
1	6		7	2	4	8	9	5
9	4	8	6	1	5	3	7	2

56

	1	9	7	3		8	2	4
7	3	5	2	4	8	1		9
4	8	2	1	6	9		3	
5	4	6	8	2	3			
	9	7		1		4	8	
8	2		9	7	4	3	5	6
9	6	8	3				4	1
	5	3			2	6	7	8
2	7	4	6	8	1	5		3

57

8		3		6	1	7		9
7	6	4	2		8	3	1	5
	9		4	7	3	2		
	8	9	6	1		5	3	7
2	5	1	3	8		6	9	4
		7	9		5		2	1
3	4	8	1	5	6	9		2
		6	7	2	9	4		3
9	7		8	3	4	1	5	6

58

7		6	2	5	3	8		1
3	2		9	1		7	5	4
1	5		7		4	2		6
5	6			2		4	8	9
4		3	5	6		1	7	2
2	9	1	4	7	8	3	6	5
8		5	6	3		9	4	7
		2	8	4		6	1	3
6	3		1	9	7	5		

59

8	3		9	1	2	4	7	5
2		4	7	6	8	1	3	9
9	1	7	5		3	2	8	
	6	1	8	5	4	9		3
5	2	9				6	4	8
4	8		2	9	6	5	1	7
1	4	8				7	5	2
		5				8	6	1
6	7		1	8	5	3	9	

60

6	1	3	4		9	8		
	7	9	8	1		2		3
4	2		7	5	3	1	9	6
1	9		5	7	8	3		
7		4	6	3	2	5	1	9
2	3	5	1	9	4		8	
3	5	1		8	7			2
		2		4	1	7	5	8
8	4	7	2	6		9	3	1

61

3	8	2	1		6	5	9	
7		4		2	9	8	3	6
9	6	5	8	3		7		
5	7			1	2	4		
6	4	9		5			2	
1	2	8			3	6	5	7
4	3	1	2	6	5	9	7	8
2	9	6	3			1		5
8	5	7	4	9	1	2	6	

62

		5	9	4	8		3	1
9	4	3	1	7	6	5	2	8
		6	2	5		7	4	9
4	1	7	6		2		5	3
3	5	9	8	1	7	4	6	2
8	6		5		4		1	
5	2			8		1		6
	3	8		6	1	2	9	5
6	9	1		2	5			4

63

8	9	6	7	2	5		3	
	3	1	8		9	6	2	7
2	4		3		6	5	8	
4	6	2	1	9	3		7	
	7	5	6	8	4	2	9	1
9		8	5	7		4	6	3
	2	3	9		8		4	
6		4		3	7	9		8
7	8		4		1	3	5	2

64

	3	2	8	4				
5	4			1		3	2	
	6	7	3	2	9	5	1	4
7	5		1	6	3			2
3	9	6		8	4		7	5
2	1		9	5		6	8	3
4		3	6	7	8	9		1
9		1	5	3	2	8	4	6
6	8		4	9	1	2	3	7

65

8		1	9	4			7	
4	7	6	5	2	3		1	9
9	3	5	8			2	4	
7	8	4		9	5	3		
	6	9	3	1	4		2	8
2		3	7	6		9		4
3		8	1		2	6	9	7
6	9	2	4	3		1	8	5
1	5	7	6		9	4	3	

66

8	5		1	4		2		6
9		6	2	5	3	1	4	8
2	1	4	6	9	8	5	7	3
		5		2	6	3	1	
	9		3	7	5		2	4
	3	2	8		9		5	7
3	2		7		1	4		5
1	6	7	5			9	3	2
5	4		9	3		7	6	1

67

5	9		6	8	4	7	3	2
3	2	7		5	1	8	6	4
		4		2	3	9	1	5
9	4	2	8	3	6	1		7
	5			1		2	9	3
7		3		9	5		4	8
		9	1		8	5		6
	7	5	3	6	9		8	
1	6	8	5	4	2	3	7	

68

	6	7	3	2	1	9	4	8
	4	8	5	9	6		2	
2	3	9	4	7	8	1	6	5
	2	1		8	7			9
7			9	3		2	1	
9	5		2	1	4	8	7	6
8	9	5		4	2	6	3	1
				5		4		7
3	7	4	1	6	9		8	2

69

1	2	9	7	6	4	8	5	3
6		4	3		8	2	9	1
3	8	5		9	2		7	4
7	1		2	4		5	6	9
4	5		9	8	6		3	7
9		3		1	7	4	8	
	3		6	2	9	7		5
	4		8	3	1	9		6
	9		4		5	3		8

70

	7	4	5	6	3	9		2
3		5	9			7		4
		9	8	7		5	6	3
9	2	7	4	5		8	3	1
1	3	6	7		9		2	5
5	4	8	2	3	1	6		
7	9		6	2	5	1	4	
6	5	2	1		8	3	7	
4		1		9	7		5	6

71

			4	1	6	8	5	
2	8			3	7		4	6
	6	4		8	2	7		3
6		2		7	9	3		4
	1	7	8	6	3	2	9	5
		9	2		5			7
1	9	6	3	2	4	5	7	
3		5	7	9	8	6		1
7	2	8	6	5	1	4	3	9

72

3	6	1	9	7		8		5
		9	8	3	5	1	7	
8	7	5				9	3	4
		6	3		9	7	1	
7	9	8	4			3	6	2
2		3	7	6	8	5	4	9
1		4	5	9		2	8	7
6	5	2		8	7	4		
9	8	7	2	4	3	6		

73

3		7		1	6	5	8	
		9		2	8	6	4	
	6	8	5		3	7	1	9
	7	4	6	5		2	3	8
8	2			7	9	1		5
5	1	6	8		2		9	7
7	3	1	2	9	4		5	6
6	9	2	1		5	3	7	4
	8			6		9	2	1

74

7	3	2	5	9	1			8
8	9	4			6	1	3	5
	1		3	4		7	2	
2	8	3	4	1	7	5		
		1	9	6	2	8		3
	7	6		5	3	4		2
1	6	8	7	3	9	2	5	4
4		9	1	8	5	3	6	
3	5			2	4	9		

75

2	7	8		1	5	3	4	6
4	1	3	6		7		9	
5	9				8		1	7
1		2		9	6	7	3	5
7	8	9	3			4		1
3	6		1	7			8	2
9	3		2	8	1	6	5	
8	5	4	7		3	1	2	
6	2		5	4	9		7	3

76

1		6	5	7				2
9	7	2	1		4		3	
	8	3	2		9		7	1
7	3		6	9	5	2	4	
	2		7	3	1	5	6	9
	9	5		4	2	7	1	
3	6	8	9	2	7	1	5	4
2	1	7	4	5	8	3		6
4	5			1	6	8		

77

	9		1	6	8		7	5
7	4	5	3	9	2		6	8
1		6	4	7	5	2	3	9
	5	4		3	9		1	6
9	7	1	8	4		3	5	2
6			7	5	1			
4	6				3	5	2	1
2	3	8	5		4	6	9	7
	1		6	2		8		3

78

3	1	7	4	2	6	5	9	8
	5	8		3		2	1	4
	9	2	5	8	1	6	3	7
1		4	2	9	5	8	6	3
9				6	3		7	1
	6	3	1			9	5	
5	4	1	6	7	2	3	8	
7	8	9	3	5		1		6
			9		8		4	

79

3	2				1	6	7	
8	1				6	3	4	2
7	9				2	8	1	5
9		2		6	7	1	8	3
1	7	8		9	4	5		6
	6	3	2	1			9	4
2	3	7	1	4	5	9	6	8
4	5	1	6	8		2	3	
6		9	7	2	3			1

80

5		2		6	7		3	1
8	1	3	5	9		4		6
	7	6	3	1	8	5		2
9	2	1	8	5	4	3		
6	8	7	2		1	9	5	4
3	4	5	6	7			1	8
1		4				6	2	
2	6		1	4	3	7	8	
7			9		6	1	4	3

81

	3	4	7	8	5	9		1
8	1	7	9	3	2	5	6	4
5		9	1		4	3		8
7	4	6		5	9	8		3
9			8	1	3	6	4	7
1	8				7		5	9
4	6	8	3		1	7		
	7		5	9			8	
	9	5	4	7	8	1	3	6

82

2		3	7		5	6	4	8
1	5	4	6	2	8	7		
8		7	4	9	3	2	1	5
6			2			3	8	
3	2	5	8	7	1	9		
4	7		9	3		1	5	2
	8			6	7	4	9	3
9	4	1	3		2		7	6
	3		5	4	9		2	1

83

	1	6	8	2		4	7	
			3		5		2	6
9	5		7	4		3	1	8
6	9	5	2	3	1	8	4	
	2	3	5	8	4	1		9
4	8	1			7	5	3	
	6		1	7	8	2		3
2	7	8		9	3	6	5	1
	3	9	6	5	2	7	8	

84

2	1	9		5	6	7		3
8		3	1	9		6		2
6		4	2	3		9	1	
	4	8	6	2	3			
	2	5	7	4	8			1
3		7	9	1	5	8	2	4
5	9	2	3	7	1	4	8	6
7		1	4	6		2	3	5
4	3		5		2		7	

85

				6	7	1		
7	9		8		2	5	6	4
3	6	4		5	9	2		8
9	4	5	6	1			2	7
8	7		9	2		6	5	1
6	1	2	3	7	5	4	8	9
	8		5		6	7	3	2
4	5	7	2	9	3	8		
2	3		7	8	1		4	

86

3	7	1	2	6	8		4	5
6	9	5	3	4		8	1	
2	4	8	9		1			3
	3	6	7	2			9	1
1	5			8				4
4		7		9	5	3	6	8
7	1		5		9	4	8	6
	6	4	8	7	2	1	3	9
9	8	3		1		2		7

87

1	5		6	4	3	7		9
4	6				9	1	5	
7		2	5		8	4		3
8				9	5	6	1	7
	1		2	7	6	8	3	4
3	7	6	1	8		5	9	2
9		1	8	5		3	7	6
	8		9	3		2	4	5
2		5	4	6	7	9	8	

88

3	8			1	6	9		7
5	7		9			3	2	6
6	9	4		2	7		5	8
9	1	6	7	5	3			4
	5	7		4	2		3	9
	4	3	8	6			1	5
1	6				5	4	9	3
	2	9	6	3	8	5	7	1
7		5	4	9		8	6	2

89

9	2		5	8	7		3	6
	6	4		9		2		7
	7		4	2	6		5	9
4	1			6	9	8		5
3		5	2	7			6	4
2	9	6			4	7		
6	5	8		4		3	9	1
1	4	9	6	3	8	5	7	2
7	3		9	1	5	6	4	8

90

	4	6			8	9	5	1
	9		1		6		3	
3		2	5	7	9	8	4	6
6	8	4	7	5	1	2	9	
1	7	3	9		4	5	6	8
		5	8	6	3	1	7	4
2	6	1	4	9			8	7
4	5		3			6	1	9
8		9	6		7			5

91

			1	7	2		3	6
7		1		8	3	9	4	
3	8			4	9	7		1
5	2	7	9	1	8		6	4
8	4	3	7	2	6	5	1	9
	9	6	4	3	5	2	7	
		5	8	6		4		
		4	3	9	7	6	8	5
	7	8		5	4	1	9	

92

8				1	5	6		4
1	7			4	3	5	2	8
4	3	5	8	6		7	9	1
	4	8	6			1		3
	5		3		1	4	8	9
9	1	3	4		8		6	7
3	6	1	2	8	4	9	7	5
7	8			9	6		1	
5	9	2	1	3			4	

93

8	3	9	5		4	6		2
7	4	5	2			1	8	3
	6	2	3	8	7	9	5	
4	8		6	7	1		2	9
2		7		5	9	8	3	
9	5		8			7		1
6	2	1	7			3	9	5
5	9		1	3	2	4		7
3	7			6			1	8

94

3	1	6		2	7			4
	5	2		1		6	9	3
8		9	6	5	3		7	2
4	2	3	1		5	9	8	6
1	8	5		9	6	4	3	7
	6	7	3		8	5		1
5	3	4	7	6		2	1	8
	9	8	4	3				
		1		8	2	3	4	

95

4	9	1			2		7	5
5		8		7	9	3	1	
7	6			1		8	9	2
1		9	2	4	6	5	3	
	3	4	7	5	8	1	2	
	7	5	1	9		4	8	6
3	1	6	4		7	9	5	8
9		7	8			2	4	
		2	9	3		7	6	1

96

	9	4	5		8	7		6
		6	9	4	1	3	5	8
5		3	6		7	4	1	9
	3			8	5		6	4
4	6	5			3		8	7
8	1			6		5	9	
6	5	8	3	1		9	7	2
7		9	2			8		1
3	2	1	8	7	9	6	4	5

97

1		9	8	7	4		6	2
6	7	4	5	9	2		8	1
2	5	8		1				7
3		1	4	6		8		9
		5	2	8			3	6
8	6	7	3		9		2	4
7		3		2	5	6	9	
	8	2	7	3	6	4		5
	1		9	4	8	2	7	3

98

		3	4	2	8	5	1	
2	4			6		8	7	
5		6	9	7	1	2	4	
6	2		7	1	5		3	
3	7	8	6	4	2	1		5
1		4	3	8	9	6	2	
9		2	8	5		3	6	4
8	6		2	3		9		1
4	3		1	9		7	8	

99

	3	9	5	2	1		6	4
5	4	1	3		6	9		8
7	6	2		8	4	1		5
9	8	6	7	5		3		1
			4	1		6	8	7
1	7	4	6		8	2	5	9
			8	6	5	4	9	2
6	9	5	2		7		1	3
				9		5	7	6

100

6		8	4	2	5	3	7	1
	1	7	9	8	3	2		
3	2	4	6	1	7		9	
7	3	2	8	9				4
4			7	6		8	3	9
	6	9		5	4	1	2	7
	4	6	2	3	8	7		5
2	7	5	1		6	9		
1	8			7	9	4		

101

3	4		6		7	9	2	
6			1	3			7	
7			9	5	4	3	1	6
1	9		5	7	6	4	8	
4	8	6	2	9		1		7
5	7	3	8	4	1	2	6	9
2		4	3		5	7	9	
	3	5	7		9		4	2
			4	2	8	5		1

ANSWERS

1

8	5	9	6	7	4	3	1	2
1	2	4	3	5	9	8	7	6
3	6	7	2	8	1	4	5	9
6	8	2	4	3	7	5	9	1
7	3	5	1	9	8	2	6	4
9	4	1	5	2	6	7	3	8
5	1	6	8	4	3	9	2	7
2	7	8	9	6	5	1	4	3
4	9	3	7	1	2	6	8	5

2

1	8	3	4	6	5	2	9	7
6	4	9	7	3	2	1	8	5
2	5	7	1	8	9	3	4	6
5	1	4	6	9	7	8	2	3
7	2	8	3	1	4	6	5	9
3	9	6	2	5	8	4	7	1
9	3	5	8	2	1	7	6	4
8	7	1	9	4	6	5	3	2
4	6	2	5	7	3	9	1	8

3

8	3	7	6	9	4	2	5	1
2	9	1	7	5	3	8	6	4
6	5	4	1	2	8	9	7	3
7	6	5	3	8	9	4	1	2
4	8	9	2	7	1	5	3	6
1	2	3	4	6	5	7	8	9
5	1	6	8	4	2	3	9	7
9	7	2	5	3	6	1	4	8
3	4	8	9	1	7	6	2	5

4

4	5	1	6	2	3	8	9	7
7	3	9	8	5	1	6	4	2
2	8	6	4	7	9	1	5	3
5	2	7	1	8	4	3	6	9
9	1	3	2	6	7	5	8	4
6	4	8	9	3	5	2	7	1
1	9	2	5	4	6	7	3	8
3	6	4	7	1	8	9	2	5
8	7	5	3	9	2	4	1	6

5

1	2	7	3	8	5	4	6	9
5	6	3	9	4	7	2	1	8
4	8	9	1	2	6	5	7	3
3	9	4	2	6	1	8	5	7
2	7	8	5	3	9	6	4	1
6	5	1	8	7	4	9	3	2
7	3	5	6	9	8	1	2	4
9	1	2	4	5	3	7	8	6
8	4	6	7	1	2	3	9	5

6

2	5	1	4	9	6	8	3	7
4	9	6	8	7	3	5	2	1
8	7	3	1	2	5	9	6	4
5	6	2	9	8	1	4	7	3
9	1	4	3	6	7	2	5	8
7	3	8	2	5	4	6	1	9
3	4	9	5	1	2	7	8	6
1	2	7	6	4	8	3	9	5
6	8	5	7	3	9	1	4	2

7

2	7	6	4	5	9	1	8	3
9	4	3	1	7	8	6	2	5
5	1	8	2	3	6	4	7	9
8	2	9	6	4	5	3	1	7
3	6	1	7	9	2	5	4	8
7	5	4	3	8	1	9	6	2
4	3	2	9	6	7	8	5	1
1	9	5	8	2	4	7	3	6
6	8	7	5	1	3	2	9	4

8

3	9	8	2	6	4	7	1	5
1	5	7	9	3	8	2	4	6
2	4	6	7	1	5	3	9	8
7	6	9	4	2	1	8	5	3
8	2	1	3	5	7	4	6	9
4	3	5	8	9	6	1	2	7
9	7	2	6	4	3	5	8	1
5	8	4	1	7	9	6	3	2
6	1	3	5	8	2	9	7	4

9

4	6	5	3	9	2	1	8	7
8	7	3	4	5	1	6	9	2
9	2	1	7	6	8	5	3	4
1	9	6	2	3	4	7	5	8
3	8	2	1	7	5	4	6	9
5	4	7	9	8	6	2	1	3
7	1	9	6	4	3	8	2	5
2	5	4	8	1	9	3	7	6
6	3	8	5	2	7	9	4	1

10

9	7	8	4	3	6	5	1	2
5	1	3	9	2	7	8	6	4
6	2	4	5	1	8	7	3	9
4	6	1	2	7	5	9	8	3
3	5	7	1	8	9	2	4	6
8	9	2	3	6	4	1	7	5
2	4	6	7	9	1	3	5	8
7	3	5	8	4	2	6	9	1
1	8	9	6	5	3	4	2	7

11

3	5	1	8	6	7	4	9	2
9	2	6	3	4	5	7	8	1
4	7	8	2	9	1	6	5	3
6	1	4	9	7	3	8	2	5
2	9	5	6	8	4	3	1	7
7	8	3	5	1	2	9	4	6
5	4	7	1	3	9	2	6	8
8	3	2	4	5	6	1	7	9
1	6	9	7	2	8	5	3	4

12

5	7	8	6	9	2	1	4	3
1	4	2	8	3	7	6	9	5
9	3	6	4	1	5	7	2	8
8	2	9	3	6	1	4	5	7
3	5	4	7	8	9	2	6	1
7	6	1	2	5	4	8	3	9
6	9	5	1	4	8	3	7	2
2	8	3	9	7	6	5	1	4
4	1	7	5	2	3	9	8	6

13

7	5	6	1	3	9	4	2	8
9	8	4	2	6	5	7	3	1
2	1	3	4	8	7	5	9	6
3	7	5	8	1	4	2	6	9
8	4	1	6	9	2	3	7	5
6	9	2	5	7	3	1	8	4
1	3	7	9	4	6	8	5	2
4	2	9	3	5	8	6	1	7
5	6	8	7	2	1	9	4	3

14

5	2	9	6	4	8	1	3	7
1	6	7	3	2	5	8	9	4
8	4	3	1	9	7	2	5	6
3	9	1	2	6	4	5	7	8
4	7	6	8	5	1	9	2	3
2	8	5	7	3	9	6	4	1
7	3	2	5	8	6	4	1	9
9	5	8	4	1	3	7	6	2
6	1	4	9	7	2	3	8	5

15

3	4	7	8	5	2	1	9	6
8	1	6	4	3	9	7	5	2
9	5	2	7	1	6	4	8	3
2	6	4	5	8	3	9	1	7
1	8	3	9	4	7	2	6	5
5	7	9	6	2	1	8	3	4
7	9	8	3	6	4	5	2	1
6	2	5	1	7	8	3	4	9
4	3	1	2	9	5	6	7	8

16

4	6	5	7	9	2	3	1	8
3	7	1	5	6	8	4	2	9
2	9	8	4	3	1	7	5	6
1	2	4	8	5	9	6	7	3
5	3	9	1	7	6	2	8	4
6	8	7	2	4	3	5	9	1
9	4	2	3	8	5	1	6	7
8	5	3	6	1	7	9	4	2
7	1	6	9	2	4	8	3	5

17

3	1	5	4	9	7	8	6	2
2	4	8	3	1	6	9	5	7
6	9	7	8	2	5	1	4	3
9	5	4	2	7	8	6	3	1
1	2	6	9	5	3	4	7	8
7	8	3	1	6	4	2	9	5
8	6	9	5	3	1	7	2	4
5	7	1	6	4	2	3	8	9
4	3	2	7	8	9	5	1	6

18

7	2	3	6	1	8	5	9	4
6	1	4	5	2	9	8	3	7
5	9	8	4	3	7	1	6	2
8	7	2	3	5	6	4	1	9
9	3	5	1	7	4	2	8	6
1	4	6	9	8	2	7	5	3
2	5	9	7	6	1	3	4	8
4	8	1	2	9	3	6	7	5
3	6	7	8	4	5	9	2	1

19

2	6	9	8	5	4	1	3	7
7	4	5	3	1	9	6	2	8
1	8	3	2	6	7	9	5	4
6	7	1	4	2	5	3	8	9
9	5	8	7	3	6	2	4	1
3	2	4	9	8	1	5	7	6
8	1	6	5	4	3	7	9	2
4	3	7	1	9	2	8	6	5
5	9	2	6	7	8	4	1	3

20

9	1	6	2	3	5	4	7	8
4	7	8	1	6	9	3	2	5
5	2	3	8	7	4	6	1	9
1	6	4	9	8	2	7	5	3
3	8	7	5	4	6	1	9	2
2	9	5	3	1	7	8	4	6
6	5	1	4	2	8	9	3	7
8	4	2	7	9	3	5	6	1
7	3	9	6	5	1	2	8	4

21

7	2	8	3	9	4	1	5	6
1	4	9	2	5	6	7	3	8
5	6	3	1	8	7	9	2	4
6	9	5	4	3	8	2	1	7
2	3	1	7	6	9	4	8	5
8	7	4	5	1	2	3	6	9
3	5	7	6	4	1	8	9	2
9	1	2	8	7	5	6	4	3
4	8	6	9	2	3	5	7	1

22

3	9	6	8	4	1	7	2	5
8	5	7	2	3	9	1	4	6
4	2	1	7	5	6	3	9	8
2	3	5	9	8	7	6	1	4
6	7	9	4	1	5	8	3	2
1	4	8	3	6	2	9	5	7
9	6	3	5	2	8	4	7	1
5	8	4	1	7	3	2	6	9
7	1	2	6	9	4	5	8	3

23

8	9	7	2	3	4	1	5	6
3	5	2	1	7	6	4	8	9
6	1	4	9	5	8	3	7	2
9	4	8	5	6	2	7	3	1
2	7	1	3	8	9	6	4	5
5	3	6	7	4	1	2	9	8
4	8	5	6	2	3	9	1	7
7	6	9	4	1	5	8	2	3
1	2	3	8	9	7	5	6	4

24

8	5	9	6	7	1	4	3	2
2	3	1	9	4	8	6	7	5
7	4	6	3	2	5	8	9	1
9	6	3	1	5	4	7	2	8
1	2	4	7	8	6	9	5	3
5	7	8	2	3	9	1	4	6
3	8	7	4	6	2	5	1	9
6	1	2	5	9	7	3	8	4
4	9	5	8	1	3	2	6	7

25

7	1	9	8	4	2	6	3	5
8	5	6	3	7	9	2	4	1
3	4	2	1	6	5	9	8	7
5	3	7	9	8	1	4	2	6
4	9	1	2	3	6	7	5	8
2	6	8	7	5	4	1	9	3
9	2	5	6	1	3	8	7	4
6	7	4	5	9	8	3	1	2
1	8	3	4	2	7	5	6	9

26

8	5	4	2	9	6	1	7	3
2	9	3	4	1	7	6	5	8
7	1	6	3	5	8	2	9	4
5	3	2	6	7	9	8	4	1
1	4	8	5	2	3	9	6	7
9	6	7	8	4	1	5	3	2
3	7	1	9	8	5	4	2	6
6	2	5	1	3	4	7	8	9
4	8	9	7	6	2	3	1	5

27

3	9	7	2	4	6	1	8	5
5	2	6	3	1	8	9	4	7
8	4	1	5	7	9	2	3	6
4	5	3	7	6	2	8	9	1
1	6	9	4	8	3	7	5	2
7	8	2	1	9	5	3	6	4
9	1	5	6	3	7	4	2	8
6	7	8	9	2	4	5	1	3
2	3	4	8	5	1	6	7	9

28

8	4	2	6	3	9	7	1	5
1	7	5	2	4	8	9	6	3
9	6	3	7	1	5	2	4	8
2	5	4	3	7	6	8	9	1
6	8	7	4	9	1	5	3	2
3	1	9	8	5	2	4	7	6
5	9	6	1	2	4	3	8	7
4	3	8	5	6	7	1	2	9
7	2	1	9	8	3	6	5	4

29

5	9	4	1	7	6	8	3	2
1	2	6	8	3	5	9	4	7
3	8	7	4	2	9	5	1	6
2	7	9	5	4	8	1	6	3
6	3	1	2	9	7	4	5	8
8	4	5	3	6	1	7	2	9
9	1	3	7	5	2	6	8	4
7	5	2	6	8	4	3	9	1
4	6	8	9	1	3	2	7	5

30

6	3	1	5	7	4	2	8	9
8	5	9	2	1	3	7	4	6
4	2	7	6	8	9	5	3	1
1	6	5	7	3	2	4	9	8
7	4	3	8	9	6	1	5	2
9	8	2	1	4	5	3	6	7
2	9	8	3	5	7	6	1	4
5	7	4	9	6	1	8	2	3
3	1	6	4	2	8	9	7	5

31

7	8	2	3	4	9	6	5	1
1	4	3	5	6	8	2	7	9
6	5	9	1	2	7	3	4	8
3	6	5	4	7	1	8	9	2
9	2	7	8	5	3	1	6	4
4	1	8	6	9	2	7	3	5
2	3	6	9	1	4	5	8	7
5	9	1	7	8	6	4	2	3
8	7	4	2	3	5	9	1	6

32

4	7	6	5	2	3	9	8	1
9	2	1	7	4	8	5	3	6
8	5	3	9	6	1	7	2	4
1	8	2	4	5	6	3	9	7
3	9	4	8	1	7	2	6	5
5	6	7	2	3	9	1	4	8
6	3	5	1	9	4	8	7	2
2	4	8	3	7	5	6	1	9
7	1	9	6	8	2	4	5	3

33

7	4	1	2	8	5	9	3	6
9	3	6	1	4	7	2	5	8
5	8	2	3	9	6	1	4	7
2	1	9	8	6	4	3	7	5
4	7	8	5	3	1	6	9	2
3	6	5	9	7	2	4	8	1
1	9	3	7	2	8	5	6	4
6	5	7	4	1	9	8	2	3
8	2	4	6	5	3	7	1	9

34

7	4	5	6	2	1	8	9	3
8	3	1	4	9	5	6	2	7
2	6	9	7	3	8	4	1	5
1	9	4	2	6	3	7	5	8
6	8	2	5	7	4	9	3	1
3	5	7	1	8	9	2	6	4
9	7	8	3	1	6	5	4	2
5	2	3	9	4	7	1	8	6
4	1	6	8	5	2	3	7	9

35

4	8	5	6	2	3	7	1	9
9	7	6	5	8	1	2	3	4
3	2	1	7	4	9	6	8	5
6	4	2	3	7	5	1	9	8
7	1	8	2	9	4	3	5	6
5	3	9	1	6	8	4	2	7
1	6	4	8	5	2	9	7	3
2	5	7	9	3	6	8	4	1
8	9	3	4	1	7	5	6	2

36

6	8	3	2	5	1	7	4	9
5	7	4	9	3	8	2	1	6
2	1	9	7	4	6	3	5	8
7	5	8	3	1	9	4	6	2
9	3	6	4	8	2	5	7	1
1	4	2	5	6	7	9	8	3
8	2	5	6	7	3	1	9	4
3	6	7	1	9	4	8	2	5
4	9	1	8	2	5	6	3	7

37

1	8	5	3	6	2	7	9	4
7	2	9	5	4	1	6	3	8
3	4	6	8	9	7	1	2	5
9	3	1	7	8	5	2	4	6
5	6	2	1	3	4	9	8	7
8	7	4	6	2	9	3	5	1
6	1	8	9	5	3	4	7	2
4	9	7	2	1	8	5	6	3
2	5	3	4	7	6	8	1	9

38

3	7	9	8	2	5	1	6	4
8	5	6	4	1	3	7	2	9
4	2	1	9	6	7	5	3	8
1	8	7	5	3	6	4	9	2
2	6	3	7	9	4	8	1	5
5	9	4	2	8	1	6	7	3
9	1	5	3	7	8	2	4	6
6	4	2	1	5	9	3	8	7
7	3	8	6	4	2	9	5	1

39

7	4	9	5	3	2	8	6	1
8	1	5	6	7	9	4	3	2
3	2	6	8	1	4	7	9	5
4	3	1	2	5	6	9	7	8
5	6	2	9	8	7	1	4	3
9	7	8	3	4	1	5	2	6
1	9	3	4	6	5	2	8	7
2	8	7	1	9	3	6	5	4
6	5	4	7	2	8	3	1	9

40

2	4	9	8	1	7	3	6	5
7	1	8	5	6	3	9	4	2
3	5	6	9	4	2	1	8	7
1	8	4	3	7	9	5	2	6
6	2	5	1	8	4	7	3	9
9	3	7	2	5	6	4	1	8
8	6	1	4	9	5	2	7	3
5	7	2	6	3	1	8	9	4
4	9	3	7	2	8	6	5	1

41

8	6	9	1	7	3	4	5	2
7	5	3	9	4	2	6	1	8
4	1	2	8	5	6	3	9	7
6	7	4	5	2	9	1	8	3
9	8	1	3	6	4	7	2	5
2	3	5	7	1	8	9	4	6
3	4	6	2	8	1	5	7	9
5	9	8	4	3	7	2	6	1
1	2	7	6	9	5	8	3	4

42

1	6	8	3	4	5	7	2	9
4	7	2	9	6	1	5	8	3
3	5	9	8	7	2	1	4	6
8	1	4	2	5	9	3	6	7
9	2	6	7	1	3	8	5	4
7	3	5	6	8	4	9	1	2
2	8	1	4	9	7	6	3	5
5	9	3	1	2	6	4	7	8
6	4	7	5	3	8	2	9	1

43

2	7	1	4	9	3	6	5	8
4	9	3	8	6	5	2	1	7
6	5	8	1	2	7	3	9	4
1	4	9	2	3	8	5	7	6
3	6	2	5	7	4	9	8	1
7	8	5	6	1	9	4	3	2
5	2	7	9	4	1	8	6	3
9	3	6	7	8	2	1	4	5
8	1	4	3	5	6	7	2	9

44

7	9	4	5	8	6	2	3	1
8	2	6	1	3	7	5	4	9
1	3	5	4	9	2	8	7	6
2	1	3	8	7	5	6	9	4
5	6	7	9	4	3	1	8	2
4	8	9	6	2	1	7	5	3
3	7	8	2	1	9	4	6	5
6	4	2	3	5	8	9	1	7
9	5	1	7	6	4	3	2	8

45

4	2	6	9	1	7	3	8	5
8	9	3	6	4	5	7	1	2
5	7	1	3	2	8	4	9	6
9	1	8	7	5	3	6	2	4
6	5	2	4	8	9	1	3	7
7	3	4	1	6	2	8	5	9
1	4	5	2	3	6	9	7	8
3	8	9	5	7	4	2	6	1
2	6	7	8	9	1	5	4	3

46

6	1	8	7	3	2	9	5	4
9	5	7	4	8	6	1	2	3
2	3	4	1	9	5	8	6	7
4	8	5	3	6	7	2	9	1
7	6	3	9	2	1	5	4	8
1	2	9	8	5	4	7	3	6
8	9	2	6	1	3	4	7	5
5	7	6	2	4	8	3	1	9
3	4	1	5	7	9	6	8	2

47

3	6	1	2	5	8	4	7	9
2	9	7	6	3	4	5	1	8
8	5	4	9	7	1	6	2	3
7	8	6	3	4	9	2	5	1
4	1	2	5	8	6	9	3	7
5	3	9	7	1	2	8	4	6
1	2	8	4	9	7	3	6	5
9	4	3	1	6	5	7	8	2
6	7	5	8	2	3	1	9	4

48

4	8	6	5	1	7	3	2	9
9	2	3	4	6	8	7	5	1
7	1	5	3	2	9	6	4	8
3	6	7	2	4	1	9	8	5
5	4	2	8	9	6	1	7	3
1	9	8	7	3	5	4	6	2
2	7	4	9	8	3	5	1	6
6	5	9	1	7	2	8	3	4
8	3	1	6	5	4	2	9	7

49

2	3	7	5	6	9	8	1	4
4	6	8	7	3	1	2	9	5
9	5	1	2	8	4	6	3	7
3	2	4	6	9	7	1	5	8
8	1	6	3	4	5	9	7	2
5	7	9	8	1	2	3	4	6
7	8	3	1	5	6	4	2	9
1	9	2	4	7	8	5	6	3
6	4	5	9	2	3	7	8	1

50

9	8	2	6	3	7	1	5	4
4	5	3	2	1	9	8	6	7
1	7	6	5	4	8	2	9	3
7	4	5	1	9	2	3	8	6
2	3	9	4	8	6	7	1	5
8	6	1	3	7	5	4	2	9
5	1	8	7	6	4	9	3	2
3	2	7	9	5	1	6	4	8
6	9	4	8	2	3	5	7	1

51

3	1	2	8	4	6	7	5	9
4	5	8	1	9	7	3	6	2
6	7	9	3	5	2	8	1	4
7	2	1	5	6	3	9	4	8
5	8	6	4	2	9	1	7	3
9	3	4	7	8	1	6	2	5
1	4	3	9	7	5	2	8	6
2	9	5	6	1	8	4	3	7
8	6	7	2	3	4	5	9	1

52

2	8	6	5	3	7	9	1	4
1	9	7	6	4	2	3	8	5
3	5	4	1	9	8	7	6	2
5	7	2	4	1	3	6	9	8
6	4	9	8	7	5	2	3	1
8	1	3	2	6	9	4	5	7
7	3	5	9	2	1	8	4	6
4	2	8	3	5	6	1	7	9
9	6	1	7	8	4	5	2	3

53

4	6	2	3	5	9	8	7	1
3	9	1	8	2	7	4	6	5
5	8	7	6	1	4	2	9	3
9	5	8	2	4	1	7	3	6
1	7	4	9	3	6	5	2	8
6	2	3	7	8	5	1	4	9
8	4	6	1	9	2	3	5	7
2	1	9	5	7	3	6	8	4
7	3	5	4	6	8	9	1	2

54

4	1	3	6	7	8	2	9	5
9	2	7	5	4	3	1	8	6
8	5	6	1	2	9	3	7	4
2	9	8	7	3	6	4	5	1
1	3	5	2	9	4	7	6	8
7	6	4	8	5	1	9	2	3
5	4	9	3	6	2	8	1	7
3	7	1	9	8	5	6	4	2
6	8	2	4	1	7	5	3	9

55

2	9	5	3	6	1	7	8	4
7	3	6	5	4	8	9	2	1
4	8	1	2	9	7	6	5	3
8	7	2	4	5	3	1	6	9
6	1	4	9	7	2	5	3	8
3	5	9	1	8	6	2	4	7
5	2	7	8	3	9	4	1	6
1	6	3	7	2	4	8	9	5
9	4	8	6	1	5	3	7	2

56

6	1	9	7	3	5	8	2	4
7	3	5	2	4	8	1	6	9
4	8	2	1	6	9	7	3	5
5	4	6	8	2	3	9	1	7
3	9	7	5	1	6	4	8	2
8	2	1	9	7	4	3	5	6
9	6	8	3	5	7	2	4	1
1	5	3	4	9	2	6	7	8
2	7	4	6	8	1	5	9	3

57

8	2	3	5	6	1	7	4	9
7	6	4	2	9	8	3	1	5
1	9	5	4	7	3	2	6	8
4	8	9	6	1	2	5	3	7
2	5	1	3	8	7	6	9	4
6	3	7	9	4	5	8	2	1
3	4	8	1	5	6	9	7	2
5	1	6	7	2	9	4	8	3
9	7	2	8	3	4	1	5	6

58

7	4	6	2	5	3	8	9	1
3	2	8	9	1	6	7	5	4
1	5	9	7	8	4	2	3	6
5	6	7	3	2	1	4	8	9
4	8	3	5	6	9	1	7	2
2	9	1	4	7	8	3	6	5
8	1	5	6	3	2	9	4	7
9	7	2	8	4	5	6	1	3
6	3	4	1	9	7	5	2	8

59

8	3	6	9	1	2	4	7	5
2	5	4	7	6	8	1	3	9
9	1	7	5	4	3	2	8	6
7	6	1	8	5	4	9	2	3
5	2	9	3	7	1	6	4	8
4	8	3	2	9	6	5	1	7
1	4	8	6	3	9	7	5	2
3	9	5	4	2	7	8	6	1
6	7	2	1	8	5	3	9	4

60

6	1	3	4	2	9	8	7	5
5	7	9	8	1	6	2	4	3
4	2	8	7	5	3	1	9	6
1	9	6	5	7	8	3	2	4
7	8	4	6	3	2	5	1	9
2	3	5	1	9	4	6	8	7
3	5	1	9	8	7	4	6	2
9	6	2	3	4	1	7	5	8
8	4	7	2	6	5	9	3	1

61

3	8	2	1	7	6	5	9	4
7	1	4	5	2	9	8	3	6
9	6	5	8	3	4	7	1	2
5	7	3	6	1	2	4	8	9
6	4	9	7	5	8	3	2	1
1	2	8	9	4	3	6	5	7
4	3	1	2	6	5	9	7	8
2	9	6	3	8	7	1	4	5
8	5	7	4	9	1	2	6	3

62

2	7	5	9	4	8	6	3	1
9	4	3	1	7	6	5	2	8
1	8	6	2	5	3	7	4	9
4	1	7	6	9	2	8	5	3
3	5	9	8	1	7	4	6	2
8	6	2	5	3	4	9	1	7
5	2	4	3	8	9	1	7	6
7	3	8	4	6	1	2	9	5
6	9	1	7	2	5	3	8	4

63

8	9	6	7	2	5	1	3	4
5	3	1	8	4	9	6	2	7
2	4	7	3	1	6	5	8	9
4	6	2	1	9	3	8	7	5
3	7	5	6	8	4	2	9	1
9	1	8	5	7	2	4	6	3
1	2	3	9	5	8	7	4	6
6	5	4	2	3	7	9	1	8
7	8	9	4	6	1	3	5	2

64

1	3	2	8	4	5	7	6	9
5	4	9	7	1	6	3	2	8
8	6	7	3	2	9	5	1	4
7	5	8	1	6	3	4	9	2
3	9	6	2	8	4	1	7	5
2	1	4	9	5	7	6	8	3
4	2	3	6	7	8	9	5	1
9	7	1	5	3	2	8	4	6
6	8	5	4	9	1	2	3	7

65

8	2	1	9	4	6	5	7	3
4	7	6	5	2	3	8	1	9
9	3	5	8	7	1	2	4	6
7	8	4	2	9	5	3	6	1
5	6	9	3	1	4	7	2	8
2	1	3	7	6	8	9	5	4
3	4	8	1	5	2	6	9	7
6	9	2	4	3	7	1	8	5
1	5	7	6	8	9	4	3	2

66

8	5	3	1	4	7	2	9	6
9	7	6	2	5	3	1	4	8
2	1	4	6	9	8	5	7	3
7	8	5	4	2	6	3	1	9
6	9	1	3	7	5	8	2	4
4	3	2	8	1	9	6	5	7
3	2	9	7	6	1	4	8	5
1	6	7	5	8	4	9	3	2
5	4	8	9	3	2	7	6	1

67

5	9	1	6	8	4	7	3	2
3	2	7	9	5	1	8	6	4
6	8	4	7	2	3	9	1	5
9	4	2	8	3	6	1	5	7
8	5	6	4	1	7	2	9	3
7	1	3	2	9	5	6	4	8
4	3	9	1	7	8	5	2	6
2	7	5	3	6	9	4	8	1
1	6	8	5	4	2	3	7	9

68

5	6	7	3	2	1	9	4	8
1	4	8	5	9	6	7	2	3
2	3	9	4	7	8	1	6	5
4	2	1	6	8	7	3	5	9
7	8	6	9	3	5	2	1	4
9	5	3	2	1	4	8	7	6
8	9	5	7	4	2	6	3	1
6	1	2	8	5	3	4	9	7
3	7	4	1	6	9	5	8	2

69

1	2	9	7	6	4	8	5	3
6	7	4	3	5	8	2	9	1
3	8	5	1	9	2	6	7	4
7	1	8	2	4	3	5	6	9
4	5	2	9	8	6	1	3	7
9	6	3	5	1	7	4	8	2
8	3	1	6	2	9	7	4	5
5	4	7	8	3	1	9	2	6
2	9	6	4	7	5	3	1	8

70

8	7	4	5	6	3	9	1	2
3	6	5	9	1	2	7	8	4
2	1	9	8	7	4	5	6	3
9	2	7	4	5	6	8	3	1
1	3	6	7	8	9	4	2	5
5	4	8	2	3	1	6	9	7
7	9	3	6	2	5	1	4	8
6	5	2	1	4	8	3	7	9
4	8	1	3	9	7	2	5	6

71

9	7	3	4	1	6	8	5	2
2	8	1	5	3	7	9	4	6
5	6	4	9	8	2	7	1	3
6	5	2	1	7	9	3	8	4
4	1	7	8	6	3	2	9	5
8	3	9	2	4	5	1	6	7
1	9	6	3	2	4	5	7	8
3	4	5	7	9	8	6	2	1
7	2	8	6	5	1	4	3	9

72

3	6	1	9	7	4	8	2	5
4	2	9	8	3	5	1	7	6
8	7	5	6	1	2	9	3	4
5	4	6	3	2	9	7	1	8
7	9	8	4	5	1	3	6	2
2	1	3	7	6	8	5	4	9
1	3	4	5	9	6	2	8	7
6	5	2	1	8	7	4	9	3
9	8	7	2	4	3	6	5	1

73

3	4	7	9	1	6	5	8	2
1	5	9	7	2	8	6	4	3
2	6	8	5	4	3	7	1	9
9	7	4	6	5	1	2	3	8
8	2	3	4	7	9	1	6	5
5	1	6	8	3	2	4	9	7
7	3	1	2	9	4	8	5	6
6	9	2	1	8	5	3	7	4
4	8	5	3	6	7	9	2	1

74

7	3	2	5	9	1	6	4	8
8	9	4	2	7	6	1	3	5
6	1	5	3	4	8	7	2	9
2	8	3	4	1	7	5	9	6
5	4	1	9	6	2	8	7	3
9	7	6	8	5	3	4	1	2
1	6	8	7	3	9	2	5	4
4	2	9	1	8	5	3	6	7
3	5	7	6	2	4	9	8	1

75

2	7	8	9	1	5	3	4	6
4	1	3	6	2	7	5	9	8
5	9	6	4	3	8	2	1	7
1	4	2	8	9	6	7	3	5
7	8	9	3	5	2	4	6	1
3	6	5	1	7	4	9	8	2
9	3	7	2	8	1	6	5	4
8	5	4	7	6	3	1	2	9
6	2	1	5	4	9	8	7	3

76

1	4	6	5	7	3	9	8	2
9	7	2	1	8	4	6	3	5
5	8	3	2	6	9	4	7	1
7	3	1	6	9	5	2	4	8
8	2	4	7	3	1	5	6	9
6	9	5	8	4	2	7	1	3
3	6	8	9	2	7	1	5	4
2	1	7	4	5	8	3	9	6
4	5	9	3	1	6	8	2	7

77

3	9	2	1	6	8	4	7	5
7	4	5	3	9	2	1	6	8
1	8	6	4	7	5	2	3	9
8	5	4	2	3	9	7	1	6
9	7	1	8	4	6	3	5	2
6	2	3	7	5	1	9	8	4
4	6	7	9	8	3	5	2	1
2	3	8	5	1	4	6	9	7
5	1	9	6	2	7	8	4	3

78

3	1	7	4	2	6	5	9	8
6	5	8	7	3	9	2	1	4
4	9	2	5	8	1	6	3	7
1	7	4	2	9	5	8	6	3
9	2	5	8	6	3	4	7	1
8	6	3	1	4	7	9	5	2
5	4	1	6	7	2	3	8	9
7	8	9	3	5	4	1	2	6
2	3	6	9	1	8	7	4	5

79

3	2	4	8	5	1	6	7	9
8	1	5	9	7	6	3	4	2
7	9	6	4	3	2	8	1	5
9	4	2	5	6	7	1	8	3
1	7	8	3	9	4	5	2	6
5	6	3	2	1	8	7	9	4
2	3	7	1	4	5	9	6	8
4	5	1	6	8	9	2	3	7
6	8	9	7	2	3	4	5	1

80

5	9	2	4	6	7	8	3	1
8	1	3	5	9	2	4	7	6
4	7	6	3	1	8	5	9	2
9	2	1	8	5	4	3	6	7
6	8	7	2	3	1	9	5	4
3	4	5	6	7	9	2	1	8
1	3	4	7	8	5	6	2	9
2	6	9	1	4	3	7	8	5
7	5	8	9	2	6	1	4	3

81

6	3	4	7	8	5	9	2	1
8	1	7	9	3	2	5	6	4
5	2	9	1	6	4	3	7	8
7	4	6	2	5	9	8	1	3
9	5	2	8	1	3	6	4	7
1	8	3	6	4	7	2	5	9
4	6	8	3	2	1	7	9	5
3	7	1	5	9	6	4	8	2
2	9	5	4	7	8	1	3	6

82

2	9	3	7	1	5	6	4	8
1	5	4	6	2	8	7	3	9
8	6	7	4	9	3	2	1	5
6	1	9	2	5	4	3	8	7
3	2	5	8	7	1	9	6	4
4	7	8	9	3	6	1	5	2
5	8	2	1	6	7	4	9	3
9	4	1	3	8	2	5	7	6
7	3	6	5	4	9	8	2	1

83

3	1	6	8	2	9	4	7	5
8	4	7	3	1	5	9	2	6
9	5	2	7	4	6	3	1	8
6	9	5	2	3	1	8	4	7
7	2	3	5	8	4	1	6	9
4	8	1	9	6	7	5	3	2
5	6	4	1	7	8	2	9	3
2	7	8	4	9	3	6	5	1
1	3	9	6	5	2	7	8	4

84

2	1	9	8	5	6	7	4	3
8	7	3	1	9	4	6	5	2
6	5	4	2	3	7	9	1	8
1	4	8	6	2	3	5	9	7
9	2	5	7	4	8	3	6	1
3	6	7	9	1	5	8	2	4
5	9	2	3	7	1	4	8	6
7	8	1	4	6	9	2	3	5
4	3	6	5	8	2	1	7	9

85

5	2	8	4	6	7	1	9	3
7	9	1	8	3	2	5	6	4
3	6	4	1	5	9	2	7	8
9	4	5	6	1	8	3	2	7
8	7	3	9	2	4	6	5	1
6	1	2	3	7	5	4	8	9
1	8	9	5	4	6	7	3	2
4	5	7	2	9	3	8	1	6
2	3	6	7	8	1	9	4	5

86

3	7	1	2	6	8	9	4	5
6	9	5	3	4	7	8	1	2
2	4	8	9	5	1	6	7	3
8	3	6	7	2	4	5	9	1
1	5	9	6	8	3	7	2	4
4	2	7	1	9	5	3	6	8
7	1	2	5	3	9	4	8	6
5	6	4	8	7	2	1	3	9
9	8	3	4	1	6	2	5	7

87

1	5	8	6	4	3	7	2	9
4	6	3	7	2	9	1	5	8
7	9	2	5	1	8	4	6	3
8	2	4	3	9	5	6	1	7
5	1	9	2	7	6	8	3	4
3	7	6	1	8	4	5	9	2
9	4	1	8	5	2	3	7	6
6	8	7	9	3	1	2	4	5
2	3	5	4	6	7	9	8	1

88

3	8	2	5	1	6	9	4	7
5	7	1	9	8	4	3	2	6
6	9	4	3	2	7	1	5	8
9	1	6	7	5	3	2	8	4
8	5	7	1	4	2	6	3	9
2	4	3	8	6	9	7	1	5
1	6	8	2	7	5	4	9	3
4	2	9	6	3	8	5	7	1
7	3	5	4	9	1	8	6	2

89

9	2	1	5	8	7	4	3	6
5	6	4	1	9	3	2	8	7
8	7	3	4	2	6	1	5	9
4	1	7	3	6	9	8	2	5
3	8	5	2	7	1	9	6	4
2	9	6	8	5	4	7	1	3
6	5	8	7	4	2	3	9	1
1	4	9	6	3	8	5	7	2
7	3	2	9	1	5	6	4	8

90

7	4	6	2	3	8	9	5	1
5	9	8	1	4	6	7	3	2
3	1	2	5	7	9	8	4	6
6	8	4	7	5	1	2	9	3
1	7	3	9	2	4	5	6	8
9	2	5	8	6	3	1	7	4
2	6	1	4	9	5	3	8	7
4	5	7	3	8	2	6	1	9
8	3	9	6	1	7	4	2	5

91

4	5	9	1	7	2	8	3	6
7	6	1	5	8	3	9	4	2
3	8	2	6	4	9	7	5	1
5	2	7	9	1	8	3	6	4
8	4	3	7	2	6	5	1	9
1	9	6	4	3	5	2	7	8
9	3	5	8	6	1	4	2	7
2	1	4	3	9	7	6	8	5
6	7	8	2	5	4	1	9	3

92

8	2	9	7	1	5	6	3	4
1	7	6	9	4	3	5	2	8
4	3	5	8	6	2	7	9	1
2	4	8	6	7	9	1	5	3
6	5	7	3	2	1	4	8	9
9	1	3	4	5	8	2	6	7
3	6	1	2	8	4	9	7	5
7	8	4	5	9	6	3	1	2
5	9	2	1	3	7	8	4	6

93

8	3	9	5	1	4	6	7	2
7	4	5	2	9	6	1	8	3
1	6	2	3	8	7	9	5	4
4	8	3	6	7	1	5	2	9
2	1	7	4	5	9	8	3	6
9	5	6	8	2	3	7	4	1
6	2	1	7	4	8	3	9	5
5	9	8	1	3	2	4	6	7
3	7	4	9	6	5	2	1	8

94

3	1	6	9	2	7	8	5	4
7	5	2	8	1	4	6	9	3
8	4	9	6	5	3	1	7	2
4	2	3	1	7	5	9	8	6
1	8	5	2	9	6	4	3	7
9	6	7	3	4	8	5	2	1
5	3	4	7	6	9	2	1	8
2	9	8	4	3	1	7	6	5
6	7	1	5	8	2	3	4	9

95

4	9	1	3	8	2	6	7	5
5	2	8	6	7	9	3	1	4
7	6	3	5	1	4	8	9	2
1	8	9	2	4	6	5	3	7
6	3	4	7	5	8	1	2	9
2	7	5	1	9	3	4	8	6
3	1	6	4	2	7	9	5	8
9	5	7	8	6	1	2	4	3
8	4	2	9	3	5	7	6	1

96

1	9	4	5	3	8	7	2	6
2	7	6	9	4	1	3	5	8
5	8	3	6	2	7	4	1	9
9	3	2	7	8	5	1	6	4
4	6	5	1	9	3	2	8	7
8	1	7	4	6	2	5	9	3
6	5	8	3	1	4	9	7	2
7	4	9	2	5	6	8	3	1
3	2	1	8	7	9	6	4	5

97

1	3	9	8	7	4	5	6	2
6	7	4	5	9	2	3	8	1
2	5	8	6	1	3	9	4	7
3	2	1	4	6	7	8	5	9
4	9	5	2	8	1	7	3	6
8	6	7	3	5	9	1	2	4
7	4	3	1	2	5	6	9	8
9	8	2	7	3	6	4	1	5
5	1	6	9	4	8	2	7	3

98

7	9	3	4	2	8	5	1	6
2	4	1	5	6	3	8	7	9
5	8	6	9	7	1	2	4	3
6	2	9	7	1	5	4	3	8
3	7	8	6	4	2	1	9	5
1	5	4	3	8	9	6	2	7
9	1	2	8	5	7	3	6	4
8	6	7	2	3	4	9	5	1
4	3	5	1	9	6	7	8	2

99

8	3	9	5	2	1	7	6	4
5	4	1	3	7	6	9	2	8
7	6	2	9	8	4	1	3	5
9	8	6	7	5	2	3	4	1
2	5	3	4	1	9	6	8	7
1	7	4	6	3	8	2	5	9
3	1	7	8	6	5	4	9	2
6	9	5	2	4	7	8	1	3
4	2	8	1	9	3	5	7	6

100

6	9	8	4	2	5	3	7	1
5	1	7	9	8	3	2	4	6
3	2	4	6	1	7	5	9	8
7	3	2	8	9	1	6	5	4
4	5	1	7	6	2	8	3	9
8	6	9	3	5	4	1	2	7
9	4	6	2	3	8	7	1	5
2	7	5	1	4	6	9	8	3
1	8	3	5	7	9	4	6	2

101

3	4	1	6	8	7	9	2	5
6	5	9	1	3	2	8	7	4
7	2	8	9	5	4	3	1	6
1	9	2	5	7	6	4	8	3
4	8	6	2	9	3	1	5	7
5	7	3	8	4	1	2	6	9
2	1	4	3	6	5	7	9	8
8	3	5	7	1	9	6	4	2
9	6	7	4	2	8	5	3	1

www.ingramcontent.com/pod-product-compliance
Lightning Source LLC
Chambersburg PA
CBHW080459220526

45465CB00006B/2317